蜥蜴脑

写给大家看的

图画心理学

让你摆脱精神内耗的认知行为疗法

［瑞典］达恩·卡茨（Dan Katz） 著
［瑞典］伊冯娜·斯文松（Yvonne Svensson） 绘

黄睿睿 译

人民邮电出版社

北京

图书在版编目（CIP）数据

蜥蜴脑：写给大家看的图画心理学 /（瑞典）达恩·卡茨著；（瑞典）伊冯娜·斯文松绘；黄睿睿译. -- 北京：人民邮电出版社，2023.8
ISBN 978-7-115-57671-2

Ⅰ. ①蜥… Ⅱ. ①达… ②伊… ③黄… Ⅲ. ①心理学—通俗读物 Ⅳ. ①B84-49

中国版本图书馆CIP数据核字（2021）第209549号

- ♦ 著　　　　[瑞典]达恩·卡茨（Dan Katz）
- 　　绘　　　　[瑞典]伊冯娜·斯文松（Yvonne Svensson）
- 　　译　　　　黄睿睿
- 　　责任编辑　李媛媛
- 　　责任印制　陈 犇
- ♦ 人民邮电出版社出版发行　　北京市丰台区成寿寺路 11 号
- 　　邮编　100164　　电子邮件　315@ptpress.com.cn
- 　　网址　https://www.ptpress.com.cn
- 　　北京瑞禾彩色印刷有限公司印刷
- ♦ 开本：880×1230　1/32
- 　　印张：3.25　　　　　　　　　　2023 年 8 月第 1 版
- 　　字数：88 千字　　　　　　　　2023 年 8 月北京第 1 次印刷
- 　　著作权合同登记号　图字：01-2018-5200 号

定价：39.80 元
读者服务热线：(010)81055410　印装质量热线：(010)81055316
反盗版热线：(010)81055315
广告经营许可证：京东市监广登字 20170147 号

内容提要

这是一本关于人如何与这个世界、与自己更好相处的书。全书分为 6 个部分，通过 32 个隐喻故事讲述了如何克服恐惧与焦虑，在遇到困难时如何说服自己进行变通，如何走出我们思维习惯中的常见误区，如何与关系亲密的人相处，在眼前利益与长远利益之间如何取舍，以及怎样掌控自己的生活。

书中所采用的隐喻来自我们的生活，关乎我们的喜怒哀乐，关乎我们的成长，关乎我们如何才能快乐地生活。

本书的隐喻通俗易懂，故事极具亲和力，文字轻松易读，图片诙谐幽默，适合每一个人阅读。

序 言

在某次心理学会议上，我告诉同事自己正在写一本关于图画隐喻的书时，他说："隐喻？！这想法也太天马行空了！"

隐喻在我们的日常交谈中实在是太常见了。我的这位同事甚至都没有意识到自己正是用了一个隐喻"天马行空"来表达自己的反对意见。这用另一个隐喻来讲就是鱼不知道自己在水里！

隐喻就在身边，而我们往往没有意识到。一张桌子有四条"腿"，某网球运动员正处在自己职业生涯的"巅峰"，某艺术家歌唱得像"夜莺"一样。大多数语言学家都认为人类的语言与思维相关语言中，存在着大量的隐喻。

我在斯德哥尔摩大学和卡罗林斯卡学院作为认知行为疗法（Cognitive Behavioral Therapy, CBT）的临床治疗师及讲师，已经有20多年了。我坚信好的治疗师必须同时也是好老师，因为所有成功的心理治疗都包含着明确的教育要素。治疗师必须要以人们易于理解的方式来解释研究的结果是什么，为什么我们以某种特殊的方式行事，为什么我们会被焦虑和抑郁打倒以及这些心理上的变化会怎样改变我们对自身、周围的人乃至生活本身的看法。

这可能就是心理学家总是使用隐喻的原因。通常，隐喻会受其产生年代存在的典型现象所影响。100多年前人们刚开始使用电力时，弗洛伊德就用"能量"和"充电"描述人类的心理。如今我们说"处理"和"存储"想法，明显是来自计算机革命。人们总是试图通过已经了解的事情来认识自己。

使用图画隐喻

在本书中，我为文字配了插图。合适的图画的"解说"效果无须细述。图画在所有的教学材料中都有所应用。我实在是不明白，为什么至今没有被全面应用于各种治疗中。

在第一次实习时，我就对图画隐喻产生了兴趣。当时我只是使用了几幅简单的图画，治疗就取得了多次突破。

我画了草原上被狮子吓坏的斑马来解释人类对压力的反应。我还临摹了一张照片，照片中有一名男子站在跳板上，他要等到感觉"对了"之后再跳水（对的感觉可能永远不会来，然而事实上不管怎样你都能先跳下去）。不久，我就收集了大量有用的隐喻，并结合自己粗糙的手绘一起使用。2003 年，我在瑞典最大的认知行为治疗协会会员期刊 Beteendeterapeuten 上发表了一篇关于图画隐喻的文章。文中的一幅插画就是"懦弱的跳水新手"，在 CBT 专业人士中广受欢迎。几年后这个隐喻被应用在了更广泛的领域，各种能力层次的"人生导师"都在使用它。它还出现在了我同事某本关于儿童和恐惧的著作的封面上。

接纳与承诺疗法〈Acceptance and Commitment Therapy, ACT〉和隐喻

我对在心理治疗中应用图画萌生了兴趣。与此同时，一种新式行为疗法进入了瑞典。隐喻在这种新疗法——ACT 中有明确的应用。实际上，使用这种疗法的治疗师之间共享着大量文字与图画形式的隐喻衍生品。

虽然已经有一些研究在试图解释个体对隐喻的看法与反应，但我还没有看到有哪项研究能够说明特定隐喻是如何提高疗效的。

关于 ACT，我还坚信隐喻以图画形式呈现可作为语言表达的有效捷径。图片给人的感受似乎与人们对现实生活的体验更为贴近。ACT 的基石之一就是鼓励人们从个人经历中得出关于自身与周围世界的结论。根据 ACT 的观点，很多人的痛苦来自于过度的口头反刍（译注：心理学家用"反刍"比喻对经历和想法的反复思考）；而且对于焦虑症患者来说，思虑过度几乎是致命的。

我为什么要写这本书？

首先，我希望以一种更为新颖、有趣的方式传递心理学的知识。目前，书店的架子上堆满了面向大众的心理学科普书籍。这些书通常可以分为两类。

> 第一类书过度热情，教人如何通过使用一些心理学技巧或唤醒某些神秘事物的内在品质，在眨眼间改变自己的生活。这类书的作者接受过的心理学培训很少或基本为零。他们只是在攻克了一些个人危机之后，针对各类问题得出了自己的"灵丹妙药"。通常，人们都会觉得这一类型的书是基于某些科学原理的，但事实上这是对流行心理学的误解。书中提供的许多建议都是无效的，甚至还可能有害，只不过是一种现代形式的骗术罢了。

> 第二类书晦涩枯燥，其作者是心理学家或其他对如何帮助他人改善生活开展过认真研究的研究者们。他们传达的信息往往是正确的，但很少有人看。毕竟，这类专业作品既不能令人快乐地阅读，也不是知识启蒙读物。

换句话说，一般大众想要了解有用的心理信息都要面临两难选择。流行的书往往不可靠，在某些情况下甚至可能是有害的。更科学的文献往往很无聊，容易让人昏昏欲睡。我希望这本书能在这两个极端之间取得平衡，以简单有趣的方式传达有关人类行为的科学研究成果。简而言之：用简单的插图和简明的文字解释。

这本书中的插图（大部分是用来描述隐喻的），展现了大多数人在生活中的某些场合里遇到的挑战。其中的许多图画都曾出现在我的临床工作中，其他的则是基于已经在心理学家和治疗师中应用了一段时间的书面或口头隐喻创作的。由于本人艺术水平有限，我与插画家伊冯娜·斯文松合作，请他根据我原本的草图进行了一些神奇的创作。

阅读本书的两种方法

我努力地做到自己在书中的表达能让所有人（不论其知识背景如何）都可以轻松读懂。我希望这本书会出现在大家的咖啡桌上或者理发店的柜台上——任何人都可以翻阅。随意翻开这本书，轻松读一读，不出 3 分钟你就能找到理解人生的新角度。休闲读者无须一口气把整本书看完，只需要看其中一张插图及其简单的附言就够了。

本书的另一个同等重要的目的是，使心理治疗从业者获得现代疗法中最强大的工具——图画隐喻。

心理学家、注册心理治疗师、CBT 导师

达恩·卡茨

2017 年 1 月于斯德哥尔摩

目 录

一切的开端

"一只……蜥蜴！"

　　诊室的装修风格冰冷无情，体现着公共医疗保健机构的设计精髓。我的面前坐着一位中年妇女，她看向我的双眼里满是怀疑，让人感觉很有压力。

　　那时我刚刚从心理学专业本科毕业，在某乡下的心理科实习。这位女士就是我的首批客户之一。她在心理治疗候诊名单上苦等了一年多，总算见到了一个能让她的生活回到正轨的人。

　　这位女士在瑞典的一个普通小镇里出生长大，3 年以前，她一直在离小镇 15 千米远的一家小工厂里上班，生活无忧，收入也可观，每年给已经成年的孩子们带来几次惊喜不是问题：周末去斯德哥尔摩看场表演或是在当地酒店吃个圣诞自助都可以。

　　她的日子过得平顺，前景看起来不错。然而，大概在 3 年前冬季的某一天，一切都变了。*

　　关起来的车门让她难受；坐 15 千米路程的公交车上班也使她不舒服了好多次。车里闷热，特别是在冬天还挤满了穿着湿漉漉的羊毛衫的人，这些让她感觉很压抑，整个人晕乎乎的。某天早上，她因为前一晚睡得不好，这种感觉愈发强烈了。一开始她觉得不管怎么使劲都喘不上来气，整个人头重脚轻。她不知道自己的情况会恶化到什么程度：是要昏过去了，还是更惨一点，要疯掉了呢？趁着公交车在某站停靠上客时，她仓皇狼狈地跳下了车，给朋友打了个电话。那位朋友接上她后，把她送到了小镇上的保健中心。到保健中心时，她的不适感已经消退了。所以医生让她回家，嘱咐她别给自己太大压力。

　　从那以后，她的情况开始逐渐恶化。每当她觉得自己像是被关起来或失去控制时，焦虑感就会逐渐加深；受禁闭感或失控感进一步加强时，她就会出现强烈的惊恐反应。她的生活愈发地受限了。

　　自那次在公交车上的不愉快经历之后，她开始开车上班。然而很快，她感觉开车也变得和坐车一样可怕了。要是正开着车，突然失控了怎么办？几个月后，她出门只能靠走路了。只要一坐上公交车或坐在方向盘前，她就觉得自己无法呼吸，感官失常。

她没法上班，甚至都不能去找那些家在步行距离以外的朋友，更别谈去别的城市了。她的经济状况越来越差，个人生活也全都毁了。保健中心的医生没有发现她有任何的躯体病变，所以她被转介出去接受诊疗了。

这位女士拿到了最常见的焦虑相关诊断结果：惊恐障碍。这个结果击倒了她。

要是 20 年前，别人会告诉她这个病算是个不治之症，唯一的缓解药物会让人上瘾，还会让人情绪麻木。

但如今，自 21 世纪初起，经过科学验证的心理疗法已经在医疗机构里启用了。我所学的认知行为疗法对于治疗惊恐障碍有很好的效果。可惜的是当时接受过这种新疗法培训的心理治疗师太少了，所以我的这位客户在接受治疗前已经等待了太长的时间。她听说过这种值得期待的新式疗法[**]，所以现在就像抓到了救命稻草一般。

惊恐障碍是指非常强烈的焦虑反应——惊恐发作。发作期间最常见的症状是昏厥、呼吸停止或身体完全失控。通常，惊恐发作的患者会感觉自己要出现心脏病发作、中风或是某种急性癫狂状态了。其实惊恐发作是对躯体完全无害的。实际的情况：身体认为某些感觉（这些感觉多由压力导致）是危险的，如呼吸急促以及胸痛或轻微头晕。由于这些感觉令人担忧，焦虑反应也会进一步地增强，反过来再使症状加重。一旦症状出现了几次，大脑就会对即将到来的发作所释放的首个信号异常警惕。这种警惕变成了许多人真正的负担，限制了他们的正常活动。

过去的心理治疗师认为，惊恐发作可能源自潜意识里的神秘信号——童年时期未得到解决的创伤性冲突。患者有时要花很多年时间不断地进行自我剖析，试图找出这些冲突。不幸的是，这样的做法并不能帮助他们摆脱惊恐发作。采用当时的治疗方式并没有特别成功的案例，正如有人所说："你随时都能发现自己有不幸的童年。"

之后人们针对惊恐发作进行了审慎的研究，开发了更好的治疗方案。治疗师会帮助患者认识这些令人恐慌的压力信号机制，从而帮助他们面对自己因为紧张而出现的情况。这种治疗方案并不是特别复杂。如果患者能够主动面对自己的焦虑，他们很快就会发现，其实自己完全有能力应对这些症状。头晕不再代表着马上要昏过去或者是精神错乱，呼吸急促也不等同于随时会窒息。唯一的阻碍在于，对于患者而言，直面自己的焦虑并不愉快。

换言之，对于心理治疗师来说，难点并不在于理解治疗的原则，而在于如何激励患者去面对那些他们多年来一直坚信会致命的情况。为了让患者直面这些让他们难受的情况，心理治疗师不能仅靠信誓旦旦地保证，而要以一种易于患者理解的方式去为其剖析症状内在的原因。

心理学专业的学生们在接受 CBT 培训时会学到各种疗法，如所谓的"沟通技巧"。这里的"沟通技巧"指的是如何对患者进行解释说明，他们应该怎样去看待自身疾病、一开始它是怎么出现的、然后是怎么变得严重起来的，以及最重要的是为什么要以某种特定的方式去治疗。这些说法尽管事实上完全正确，然而可惜的是教学效果很一般。它们通常被人解释得很生硬，不然就是出自某些教授之手，这些教授也许在某些领域做过非常出色的研究，但在直接面对和治疗患者方面经验有限。简而言之，我在课堂上学到的那些东西根本没用。

我就这么和我的患者相视而坐。我很明确地知道我们俩要怎么做才能治疗她的惊恐发作。未来几周里我们必须要面对的，正是那些她认为自己无法承受而一直在极力避免的事情。我们必须试着急促呼吸、挤进拥挤的电梯，以及坐公共汽车周游瑞典。唯一的难点在于，我要先以她能信服的方式向她说明，为什么我们要这么做。上学时我啃的

那些"大部头"描述过头部最深最原始的部分——爬虫脑（又称蜥蜴脑），它包含了恐惧情绪传输组织（杏仁核）。这个组织已经学会了对那些通常被人忽略的现象，如轻微的呼吸急促、公交车的拥挤或电梯间的狭窄等自动表现出强烈的反应。

我试图通过解释基础理论知识和大脑功能来说明这些问题，但客户对此并没有什么特殊的反应。看来她期待的是我通过某种形式的谈话来消除她的焦虑情绪。然而事实上我们将要做的却是她最害怕，也是最不愿意做的事情——刻意引起焦虑。

对客户而言，针对大脑展开的详细而复杂的描述可能不会有效，提及的那些拉丁语和希腊语名词估计也没什么用处。

我也不知道自己哪里来的灵光一闪——可能是我小时候花了更多时间看卡通漫画而不是语法和代数书终于有了回报。我不再继续介绍爬虫脑或杏仁核了，而是开始画一个脑袋，然后又在脑袋里画了一只小蜥蜴；由于我的艺术细胞数量实在有限，这蜥蜴看起来非常蠢。

我指着那只蠢蠢的蜥蜴说道："我们的恐惧是由大脑里被称为爬虫脑的那部分所控制的，所以在你非常惊慌的时候，你的大脑就像是被一只蠢蠢的蜥蜴控制了一样。它也很害怕，不知如何是好。你再聪明也没有用，因为你害怕时，就像有一只智商为零的蜥蜴正在夺取你大脑的控制权。你能和一只蜥蜴讲道理吗？"

客户摇了摇头。

"没错，讲不通的。"我继续说道，"我们没办法和一只头脑简单的动物讲道理。动物必须在现实生活中切实地体会到这些事并不可怕才行。所以我们必须走出去坐公共汽车、坐电梯上到诊所大楼顶层，只有通过这样的方式，你的'蜥蜴'才能自己想明白。"

客户看起来很高兴。"这么说来，其实我本身是没毛病的，只是我被自己的'蜥蜴'控制了！……所以现在我们要做的是要训练这只蜥蜴，对吗？"

我心中大石落下。正是如此！

接下来的一周里，治疗过程推进顺利。客户通过搭乘诊所的电梯克服了自己对电梯的恐惧，而且在她（准确来说，是她的那只蠢蜥蜴）意识到自己可以做到这样简单的事情之后，我们就继续在她的家乡展开了公共汽车之旅。她经常感到害怕，但每逢此时，她就会理智地说"蜥蜴现在显然非常惊慌"，然后继续。我们只花了 10 个星期就完成了治疗，客户达成了我们治疗设定的全部目标。最后一次见面时，我送了她一只橡胶蜥蜴，那是我在斯德哥尔摩的著名玩具店百特利买的。她拍着那只蜥蜴，和我说着她是多么的高兴。但其实这房间里最高兴的人可能是我。这不光是因为我在首次治疗中就有了成功个案，有效地帮助了同胞，还因为我学会了新的技巧：使用图画和隐喻。

几个月后，她从哥德堡的一个游乐园给我寄来了一张明信片，背景图片是过山车。她在明信片的背面写道："我、蜥蜴和孩子们在这里。蜥蜴有时会大叫，但由它去吧。祝您一切都好。"

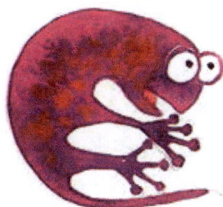

* 上述客户的事纯属虚构。由于作为注册心理治疗师，未经客户允许，我无权透露客户信息，因此我基于自己在瑞典小镇实习时遇到的数百位患者的细节，虚构了这样一位客户。但有一位真实的客户我永远记得，就是我第一次试着为其绘画的那一位。如果那位客户看到了这里，我想说：衷心感谢您！

** 认知行为疗法（CBT）事实上并不是一种特别新的治疗方法。我给客户们提供的这种疗法已经存在 15 年了，而类似的疗法早在 20 世纪 60 年代就已经开始出现了。然而直到 20 世纪 90 年代，心理治疗才采纳了与其他医学学科同样的科学评价标准。在那之前，虽然心理治疗师们已经竭尽所能，但疗效其实并不稳定。

隐喻、图画和关系框架

隐喻无处不在

隐喻或类比是指用某事物的特征来描述另一事物，它是我们表达自己和理解世界的一种基本方式。由于某些隐喻实在是太常见了，很多时候我们甚至都没意识到它的存在。当我们说"桌子靠 4 条腿站着"的时候，大概并没有意识到自己把桌子描述得有如四肢齐全的生物一般。而我们用"僵硬"或"死板"来描述一个人在某情境中行为怪异时，可能也不会意识到自己把人比作了某种难于变形且过于坚硬的物体吧。

人类最初是如何命名各种颜色的呢？我们身边某种红色物体的名称很有可能就是"红色"最初的由来。而法语里的"胭脂色"和"玫红色"哪个词出现得更早，我就不作讨论了，但不管它们来自哪个时代，都是以隐喻作为命名规则的依据。

当在日常生活中出现了新的现象时，我们通常都会以形象方面或功能方面与其相似的东西来为它命名。我们把互联网比作"网"，把通过网络以某种协议发送的信息叫作电子邮件；计算机崩溃了，我们说"死机"了。

科学理论里也充满了隐喻。20 世纪初期，卢瑟福把原子结构比作微型的太阳系，原子核就是太阳，而电子就像小行星一样绕着它转。虽然从现代量子物理学角度来看这个模型有很大的缺陷，但是这个隐喻仍被用于帮助大家认识原子的基本工作原理。我在序言中提到过，隐喻是受它产生年代限定的。弗洛伊德生长于 19 世纪，那时候电的使用已经普及了，因此他选择把精神比作在人体内部不同结构中传递的电流。到了 20 世纪 60 年代，当计算机成为社会不可或缺的部分以后，把大脑隐喻成可以接收和处理信息的计算机的这种做法就开始多了起来。因此，可以说，我们总是通过拿自己熟悉的事物打比方来认识这个复杂的世界。

隐喻、明喻与借喻

严格来说，把隐喻等同于其他种类的比喻是不准确的，这些种类的比喻都有更准确的名称。比喻有 4 种基本类型：隐喻（metaphor）、明喻（simile）与借喻（metonymy）。它们的共同点在于：关注两种不同事物的相似性。

隐喻是把两种事物（即本体和喻体）做等同描述，比喻词有"是""成为"等，如"大脑（本体）就是计算机（喻体）"。

明喻是本体、喻体、比喻词都出现，比喻词为"像""好似""如""仿佛"等，如"大脑像计算机一样工作"。

借喻是本体和比喻词都不出现，直接用喻体代替本体，如"这个难题启动了他脑袋里的计算机，不一会儿他就想出了答案"。

在心理学中，我们借用了"隐喻"这一语言学词汇，来代表那些用一个领域的经验来说明或理解另一领域事物的一种方式。因此，在本书中我们就总体采用隐喻这个说法。

隐喻是我们正常生活的基础

不是每个人都能轻易理解隐喻。最经典的例子是叫人"扫一眼"。大多数人很容易明白这表达的不是字面意思，而是叫人快速查看或检查某件事物。然而，孤独症谱系障碍（Autism Spectrum Disorder，ASD；又称自闭症）患者则可能不明白或觉得困惑："你是想让我扔眼球吗？"如果别人说"扫一眼"，他们就会期待看到一颗眼球在空中一扫而过。年幼的孩子也会有类似的问题，他们经常在听到成人之间的一些日常表达和隐喻时感到一头雾水。

有意思的是，我们发现缺乏联想能力的人通常也在适应新事物和视野上存在问题。新环境和意外事件会给他们带来巨大的压力，而且大家也公认，年幼的孩子通常不喜欢接触过多的新鲜事物。对于自闭症患者来说，这可能是因为他们大脑的功能与常人不同。而对于年幼的孩子来说，则可能是他们还没有足够的时间去认识足够的事物，从而难以在不同事物之间建立起联系。

通过与已知事物进行比对来认识新事物的能力是人类正常生活的基础。因此，在这一能力上哪怕只是少许的欠缺也会为我们的生活带来巨大的影响。

关系框架理论
（Relational Frame Theory, RFT）

20 世纪末，语言学家和心理学家共同提出了一种令人振奋的语言学理论——关系框架理论，它为人们认识隐喻提供了新的思路。关系框架理论描述的是人们如何通过语言把不同的事物联系起来。这似乎是人类独有的能力，因为与动物相比，人类有很强大的语言能力。动物只能感知到现实生活中那些看得见摸得着的事物之间的关系——狗能明白一块大牛排比一块小牛排分量多；人类则能掌握有更多意义的概念——比如一块大牛排不比一块小牛排更健康。语言能让我们听懂或读懂一块大牛排是不健康的，从而不去吃它。

我们可能因此和狗在一大块肉的问题上有了不同的态度。狗会单纯地有多少吃多少，而我们则表现得好像吃肉会害了自己一样。人类的这种关系分析能力在学龄时期以前都是不完全的。人们认为，这种能力解释了为什么人类能够发展出更复杂的文明。

有了关系分析能力，我们不仅能处理自己未经历过的事情，还能得出新的结论：如果别人告诉你，鲍勃比简大，而简又比乔治大，你就不会犹豫鲍勃是不是会比乔治大了。研究人员证明，这种演绎能力为人类所独有。动物是无法完成这种推理演绎过程的，因为它们不具备高级语言能力。

下一页的 3 列词语充分展示了人类将不同事物联系在一起的杰出能力。

大多数人只需略作思考，就能将不同列中的词组成一句符合逻辑的话。我敢打赌狗肯定做不到！

有了语言，我们人类就拥有了非凡的能力：能够想象自己从未经历过的事物。有了语言，人类就认识到了事物之间动物无法发现的联系。这有什么作用呢？那就是通过使用语言，我们就能进行关系分析了。

为什么说……

A		B
橙子	不同于	友谊?
袋鼠	优于	椅子?
足球	带来	台灯?
心理学家	产生	花朵?
计算机	可搭配	孩子们?

说明: 在 A 列中任意选择一个词，使用中间的任意一种关系，把它与 B 列中的任意一个词联系起来。比如: 为什么说袋鼠带来花朵？其中一种可能的回答是袋鼠跳过高高的草丛，在地上留下了一个坑，种子落入坑中，长出了花朵。为什么说足球产生台灯？答: 足球击中了开关，点亮了台灯。

当关系分析带来问题时

能将事物联系起来虽然好，但偶尔也会带来问题。当今社会人们都很注重外表，每个人都对这种现象赋予了关系语境，比方说"瘦即是美"。随着人们把瘦与美等同起来，许多年轻人节食致死，由此酿成了大量的悲剧。在这种情况下，人类所拥有的这种独一无二的能力——关系分析则带来了致命的后果。很难想象一只狗会为了瘦活活把自己饿死。

根据关系框架理论研究人员的说法，人类目前面临的许多痛苦都可以通过关系分析得到解释。动物只要没有疼痛、吃得好、住得暖，就非常满意了。而人类却在基本需求得到满足的情况下，依然有可能是痛苦的。我们可能因为以下事情而感到焦虑。

"我这一辈子都有什么成就呢？"

"我是不是一个失败的人？"

"我 20 年前为什么做了那件蠢事？"

"我 5 年后会不会重病不起？"

"要是因为我变丑了，妻子离开我怎么办？"

当小狗趴在壁炉前美滋滋地取暖时，它的主人可能正坐在扶手椅里，端着一杯茶兀自烦恼，只因他有着想象各种场景的能力。这就是我们为拥有使用语言这种能力所付出的代价。语言使我们得以发明飞机与手机，而语言也成了我们许多烦恼的来源。

某些现代疗法希望通过训练患者着眼当下来减轻痛苦。冥想或更现代的放空训练是让人们放下思绪、感受当下的常用方法。在某些情况下，这样的方法是有效的，但大多数人都很难做到。焦虑感是人类天生就有的。这也可能是几乎所有疗法都强调我们要放下焦虑、踏实去做事的原因。只有在现实生活中真实经历过，我们才有可能从根本上改变自己对某些事物的看法。

> 如果你特别害怕蜘蛛——把它们找出来看看会发生什么事。

> 如果你觉得没有人喜欢你——走出去和人们待在一起，别躲在家里。结果可能和你想的正好相反。

> 如果你对什么事都提不起兴趣——那就先随便做点什么，看看会不会对什么产生兴趣。

受关系框架理论影响最大的治疗方法名为接纳与承诺疗法。这种疗法包含一系列的练习，旨在帮助患者认识自己说话的方式，进而认识自己的思维方式。

一位总说"我是一个失败者"的患者可以试着说"我感觉自己是一个失败者"。在接受与承诺疗法中，这种训练被称为认知解离（defusion）。它的目的是帮助患者认识到自己的想法不一定就是"正确的"。我们的想法在很大程度上受我们使用的语言所影响，拉开语言与我们认为某想法是"正确的"之间的距离，能够最大限度地减少我们的烦恼。

我们对图像的记忆比对文字更持久

大多数人都知道人更容易记住和理解图像，这个说法也得到了研究的证实。大量重复的研究表明，与文字材料相比，我们对图像材料的记忆力更强。这就是"图像更优效应"（the picture superiority effect）。很奇怪的是，研究还发现这种效应会随着我们年龄的增长而增强。这与我们想的可不太一样。随着不断成长，我们就能够更好地理解文字信息是理所当然的吗？有些说法是，随着语言能力的增长，我们能够更好地把文字转换成图像，从而使得文字更便于记忆。总之，我们的结论都是图像好记，而且随着我们见识的增长会变得更好记。

根据这些发现，我们得到的一个有趣的推论是，在为成年人准备的文字信息中也应该加入大量的图画说明。图画书和卡通漫画书是为小孩子准备的，这种想法是完全错误的！

图像——一条超越语言的捷径

图像之所以有撼动人心的能力，原因之一可能是我们的感觉没有经过语言的过滤。一张照片对世界舆论的影响比数千篇文章还要大。其中一个杰出的例子是：20世纪60年代，许多反映越南战争的战时报告都以文字形式详细描述了越南人民的痛苦遭遇，但真正改变了公众舆论的是一张照片——一个身上严重烧伤的孩子，没穿衣服，在路上躲着燃烧弹狂奔。单讲第二次世界大战中纳粹大屠杀的恐怖气氛也许很抽象，但看到集中营内尸体成堆的黑白照片之后，人们就再也不这么觉得了。"死亡人数高达数百万"是一个很难理解的概念，但看到被残杀的犹太人照片时，哪怕是铁石心肠之人也会被触动。图像对我们有巨大的影响力。从某种程度上来说，关于事件的图像比单纯的文字描述能让人体会到更强的真实感。照片与插图比字句更生动。

在研究人们焦虑时的行为时我们发现，能够将自己的焦虑形象化的人比起只能口头描述焦虑感的人处理焦虑的能力更强。研究人员由此得出结论，如果一个人拒绝想象令自己恐惧的场景，那他就永远不可能习惯这些场景；正如不愿意去看蜘蛛的人永远无法摆脱他们对蜘蛛的恐惧一样。比起单从语言上描述某事物，将事物想象成画面的行为似乎对我们有更深远的影响。

图像隐喻——结合两种强有力的描述方式

如上所述，我们知道使用隐喻有很好的效果，我们的语言和思维都是围绕隐喻展开的。使用隐喻说明人类具备了使用语言对事物进行关系分析的能力。通过找出事物的共通之处，隐喻让我们对自己不熟悉的事物有了更清晰的认识。同时我们也知道图像是卓越的教育工具。图像使我们能更高效地记忆信息，可能还能从更深的情感层面影响我们。那么换句话说，我们使用图像来辅助隐喻，就是在同时使用两种强而有力的学习技巧，这可谓是强效鸡尾酒疗法的技法了。

如何处理自己的
想法和感觉？

脑中蜥蜴

松开拔河比赛的绳子！

懦弱的跳水新手

别去想那些绿斑蛙！

闭着眼睛看恐怖片

刚按下的是哪个按钮？

年长的你和年幼的你

脑中蜥蜴

因为恐惧而放弃自己想做的事，等同于放任愚蠢的蜥蜴掌控自己的人生

恐惧这种信号是从我们大脑最原始的区域发出来的。大脑这个区域的结构与蜥蜴及其他简单爬行动物的基本相同，因此这个区域也被称为爬虫脑。大脑控制思考和更高级的认知功能的部分是后期进化出来的。当我们感觉到恐惧时，基本上还是古老的爬虫脑在起作用。因此可想而知，我们不会太聪明。

当我们害怕时，爬虫脑内一个叫杏仁核的部分就会被激活。而当害怕上升为恐惧，我们的行为就会完全落入杏仁核的掌控之中。有些时候杏仁核发出的指令是正确的——比如遇到生命危险时，恐惧感会告诉我们赶快逃命。而在另一些时候，它的指令是错误的。站在生命的角度来说，恐惧感过多比过少更利于生存。不幸的是，在毫无威胁的情况下，这些恐惧感也可能爆发，从而大大降低了我们的生活质量。

我们在明知情况可控但仍感觉害怕时，最常见的策略是说服自己一切还好，无须惊慌。这往往没什么效果，毕竟我们大脑中比较原始的那部分并无逻辑推理能力，所以这种结果也就不奇怪了。那只愚蠢的蜥蜴它不明白呀，所以我们还是会害怕。

要怎么做才能教会一只原始生物不要害怕呢？和它理论显然行不通，原始生物不懂逻辑。唯一有用的办法是让"蜥蜴"在现实生活中体验这种可怕的场景，让它自己发现这只是虚惊一场。这种方法对你处理自己的恐惧心理也有效。你无法说服自己不害怕，而是要切实地体验这样的场景，认识到它们并不如你想象的那样可怕。

如果你有想做的事情，恐惧让你无法行动，那无论如何你都得去做。即使你很害怕，也要去做。别管那只愚蠢的蜥蜴怎么说！

松开拔河比赛的绳子！

应对焦虑：焦虑不是问题，害怕焦虑才是问题！

被严重的焦虑困扰是人们寻求帮助最常见的原因之一。然而焦虑本身并不是给他们造成困扰的最常见的原因之一，他们处理焦虑的方式才是。焦虑的感觉只是一种信号，表示我们的大脑发现了某种威胁。如果反应再大一些，大多数人就会感觉不舒服了。这种情况很常见，因为人总希望避免一切让自己感到焦虑的事物。毕竟在我们还是简单动物的时代里，这么做能避开各种危及生命的威胁。

在现代社会中，很多事物经过人类发达的想象力加工后都能变成威胁和危险。有时我们的焦虑是合理的，因为有些让我们产生焦虑反应的事物确实是致命的，至少也会危及安全。而在其他的情况下，现实中并不存在所谓的威胁，只有由自己的生动想象带来的过激反应。

其实纠结到底是什么引起了我们的恐慌，对我们并没有特别的帮助，毕竟这种反应机制在我们还生活在原始时代、四处都是致命危机的时候就已经建立起来了。在那种情况下，具备"要么打要么逃"的反应就已经足够了。但将这样的反应用来应对我们现在面临的情况，比如抵押货款或与老板面谈，就不太好使了。

焦虑本身并无危险，它只是帮助我们应对危机的自然反应而已。这是一种自主反应，无法消除。一旦遇到危险，焦虑反应就开启了。因此我们开始焦虑之后就没办法再反抗它了。接受它的存在，然后继续做自己该做的事情就好。

不幸的是，我们经常把精力放在摆脱焦虑上。这才是问题的根源。一些人改变了自己的生活方式，规避任何可能导致不适的风险；另一些人则通过酒精或药物来寻求解脱。然而这两种应对方式都会带来更多的问题。

如果你不再与焦虑抗争，问题就会少多了。

叫停徒劳的拔河比赛，松开绳子吧！

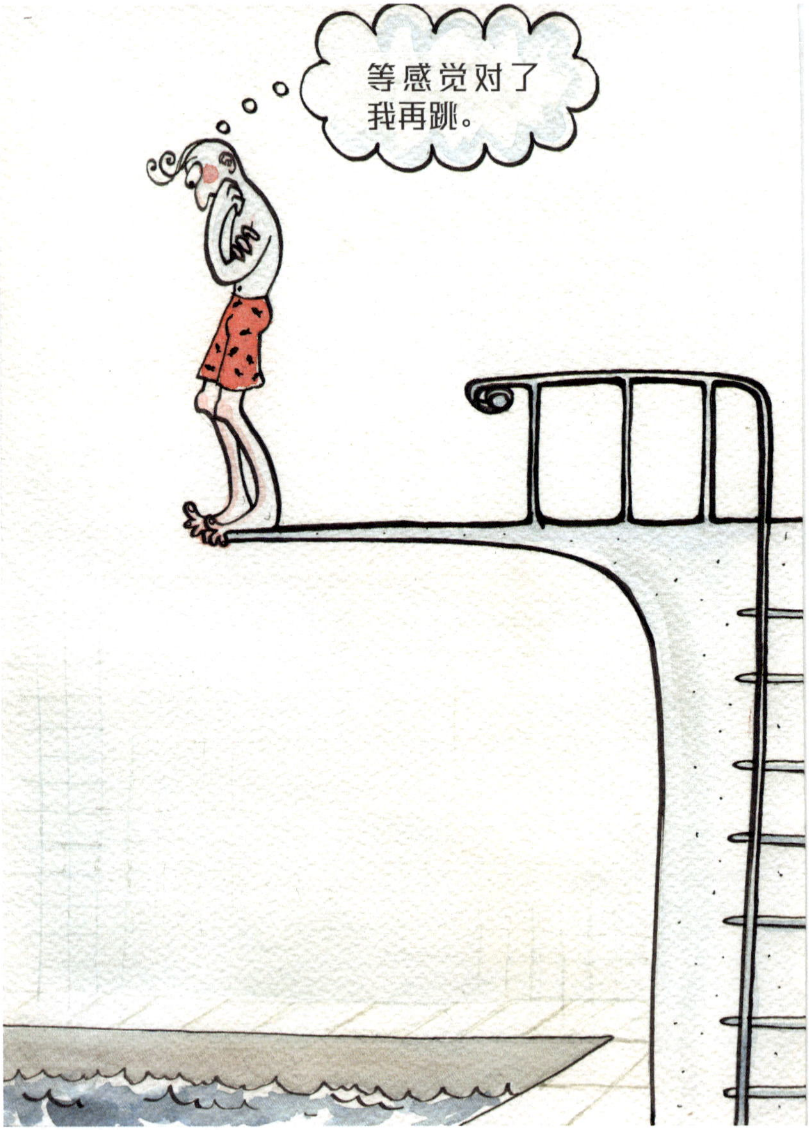
等感觉对了
我再跳。

懦弱的跳水新手

等待感觉好转的坏处

在生活中的很多时候，我们都需要面临艰难的抉择。有时是大事，比如决定是不是要走学术路线，或者要不要鼓起勇气提交辞职信，放弃一份安稳的工作。有时我们也得决定一些微不足道的小事，比如要不要开口约有趣的同事一起出去玩，或是如何收拾凌乱的阁楼。

我们都知道自己必须行动起来，但偏偏没有这么做。要么是不敢，要么是不愿意。总之就是感觉不爽或不对。所以我们就等到合适的时刻来临时再行动。

问题就在于，如果我们一直坐等感觉好转，可能就要等到天荒地老了。

很多人都有过这样的经历，站在泳池上方的跳板上，犹豫着要不要跳下去。其实自己心里明白，跳下去不会有任何危险，但就是光站在那里不动。你感觉不对，你在等着对的那一瞬间。大多数人最后还是会跳的，即使感觉一直都不太对。有趣的是你只有在迈出那一步，真正跳下去之后，才发现其实也没有那么糟糕，然后难挨的恐惧感开始消散。等到下次你再站在跳板上时，鼓起勇气往下跳就没那么难了。

其实，这就是心理治疗的基本原理。来求医的患者通常都知道自己应该怎么做，但就是一直在等待适当的时机，经常一等就是好多年。人们对心理治疗最常见的一种错误认知就是认为治疗会改变他们的想法。首先，你必须不再害怕，然后才能做成你想做的事情。其实还有另一条路，那就是发现生活中的这些事情其实都进行得蛮顺利的，我们的恐惧就会因此消退。

生活中大多数的事情都是如此。如果你觉得某些事情很重要，那就别等到感觉对了才去做。先做了再说！只有实实在在地去做了，你才算是诚实地给了自己一个机会，从而改变自己对这些事的想法。

别去想那些绿斑蛙！

拒绝不喜欢的想法

大脑不停地产生各种各样的想法。我们很少意识到这个过程的存在，而且我们也很难控制自己应该想些什么。我们有一种常见的错误认识：必须拒绝不必要的负面想法。比如说，如果你开始觉得自己是个失败的人、长相一般或笨时，就一定会主动地试图制止这些想法。当然，我们这么做也不奇怪，毕竟这些想法挺烦人的。但研究发现，我们越是努力地抑制某些想法，这些想法就越是可能再次出现，就像"别去想绿斑蛙"的那个心理训练一样。你越不让自己去想那些蛙，它们就越是要出现在你的脑海里。

有些人付出巨大的努力，通过想些别的事情来分散自己的注意力。但精神只要稍不集中，"蛙们"就会如巨浪般反扑回来。一劳永逸地抑制自己不希望出现的想法几乎是不可能的。

对于自己不喜欢的想法，正确的处理秘诀就是"别管它们"。不管我们喜欢与否，它们都在那里了，但我们能决定自己要不要理它们。其实我们没必要非得认真地对待它们，毕竟抑制这些想法实在是一项艰巨的任务。

闭着眼睛看恐怖片

我们永远也无法适应自己逃避的那些事物

也许我们有一些自己不愿意想起的经历,它们让人很难受——受到攻击、遭遇事故或者其他令人痛苦的事情。有一部分人能够带着这些回忆继续正常生活。他们不会忘记这些经历,但通常几个月之后,他们就能很好地处理这些感受了。而另一部分人却完全不能提及这些经历。这种情况在经历了特别可怕的事情的人身上尤为多见。他们的自主反应与所有遭受了不愉快经历的生物一样:不惜代价,拒绝一切会让他们想起这些感受的事物。我们就是不想记住这些事。

要避免痛苦的回忆,策略有很多:有人埋头工作,有人依赖酒精,还有人试图封闭所有感官以免痛苦再现。最后,这些人几乎无法正常生活了,所做的一切都是为了不去想起那些事。然而,最可悲的是不管你多努力,这些记忆就是挥之不去。一旦经历了不愉快的事情,我们就会永远记得,因为大脑中没有"删除键"。

有证据证明,应对痛苦记忆最有效的方法反而是直面它们。也许在心理治疗师的帮助下,人们就能一点一点地战胜恐惧 *。这和看恐怖电影差不多。第一次看的时候你可能被吓得快晕过去,但到第五次的时候,你基本上就不会觉得可怕了。

用这种方式若想有效,很显然我们必须很认真地去看这个电影。如果每次一看就紧闭双眼,捂住双耳,那你肯定什么也没看进去,不管再看多少次,你都会一样害怕。

处理痛苦记忆的最好方式就是接受它们还会出现的事实。当然,被迫一次又一次地去面对这些事情终归不是什么令人愉快的事,然而一旦适应,你就能容忍它们的出现了。反之,如果你一直无法适应,那你在余生都只能躲着它们了。

* 注意:在遭遇了痛苦经历后的第一时间里,最重要的是让自己置身于一个安全的环境中,留在自己的至亲身边。如果几个月之后你明显还无法处理这些感受,那么再试着积极地采取措施应对。如有必要,请寻求心理医生的帮助。

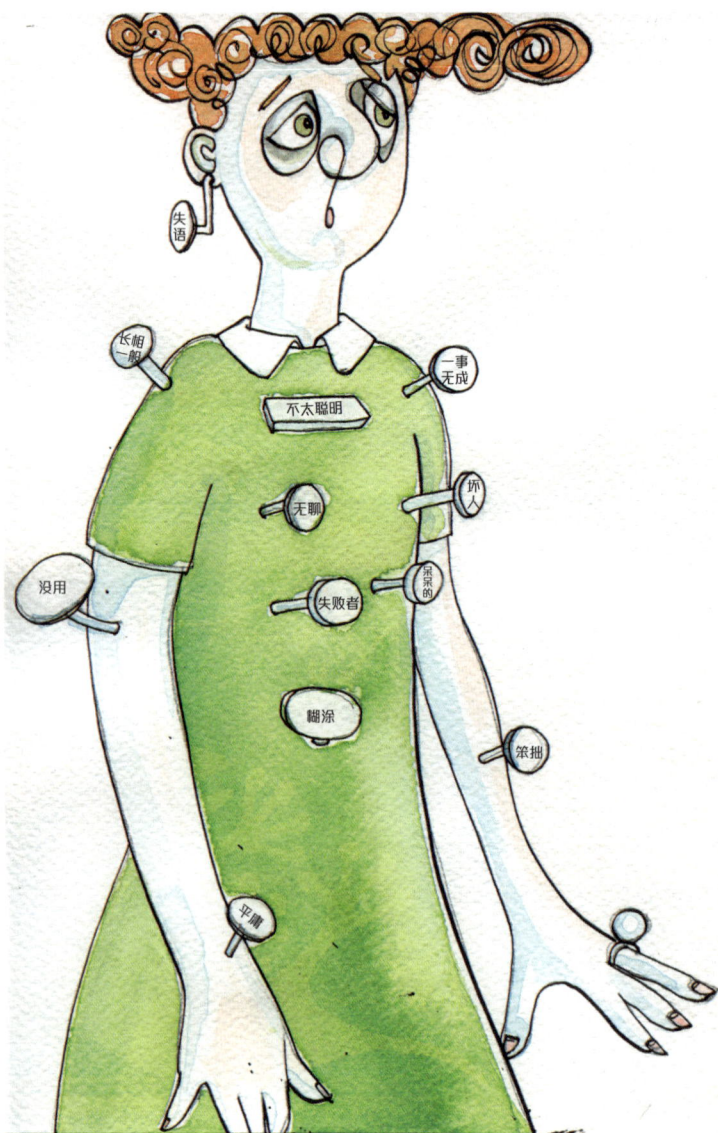

刚按下的是哪个按钮？

我们对自己想法和感受的
控制能力是非常有限的

在人的一生中，大脑储存了大量的记忆。有时候这些记忆会以具体片段的方式重现于脑海，然而它们更常见的出场方式是在特定情境下表现出的某种想法和感受。它们通常由某些我们没有注意到的事物触发。心理学家将其称为"自动思维"。

通常，这些代表记忆的想法和感受会产生于某种特定场景，这些场景能让人联想到它们首次出现时的情况。比如，你小时候在学校里被人孤立过，那么即使你在长大后有很多朋友，也会在不熟悉的社交场合中产生不安全感。如果小时候父母总是说你不够完美，那么即使你在长大后已经能够处理很多困难的事务时，也仍然会感觉自己不够好。在最糟糕的情况下，你会因为这些想法和感受而无法过上幸福的生活。

第一件你必须要做的事情：认识自己的自动思维。它们一旦在特定的情境下出现，你的思考和感受方式就会变成特定的样子。一旦开始意识到这些自动思维，你就能用以下的这两种方法来应对它们。

第一种方法是挑战它们：找到支持和反对它们的依据，然后在现实生活中验证真伪。

第二种方法也可能是最重要的方法，那就是接受它们。有些时候那些想法和感受会自动出现——就像我们按下了某个按钮一样。但它们已经没有再次出场的必要了，毕竟那只是我们早年经历的产物而已。别管它们，做自己想做的事就好。

年长的你和年幼的你

让年长的自己来处理那些幼稚的感受吧

随着生活阅历的增加，我们能做得越来越好的一件事情就是处理自己的感受和反思自己的想法。

小时候，我们对正在经历的事情的理解能力相当有限。世界很大，很神秘，我们感觉自己无法反抗，充满畏惧。称职的成年人会花时间倾听孩子的想法，认真对待他们的各种情绪，并且帮助他们认识自己的情感和身边发生的事。

作为成年人，我们也可能被剧变带来的情绪击倒。几乎所有人都有自己敏感的区域。特别是那些小时候没有从成年人身上得到帮助的人，表现得会更为明显。缺乏支持往往让成年人表现得像个受伤的孩子，就像自己多年前一样。

每当这种情况出现时，要像成年人照顾孩子那样照顾你自己！不要责骂自己，不要对自己失望。肯定事实，你确实是被某些事物激发了强烈的情绪反应，同时也以一个合理的视角去看待它。善待自己，也善待自己的脆弱。

让年长的你来安慰年幼的你吧，毕竟年长的那个你懂的更多。

当你的方法不奏效时

小锤子不好使就用大锤子

"我只画小丑"

即使信号灯 20 年来都没变绿过，也继续等

狗是最好的！

告别无休止的"乒乓球赛"

手上有什么就用什么

小锤子不好使就用大锤子

当用某个方法没有如愿时，
我们倾向于花更大的力气再试一次

我们知道，如果某种行为有效，人们就会投入更大的力气；只要行不通，人们就会减少投入。这可以被看作是一种行为选择。被保留下来的行为方式就是最能适应需求的。

然而当某种一直非常有效的方法突然失效了的时候，一种有趣的现象就出现了：我们会强化那种曾经有效的行为。这在心理学上被称为"削弱突现"（extinction burst）。

当我们责骂孩子而孩子不进行回应时，我们会提高音量，骂得更多。当电视遥控器没法切换频道时，我们就会更使劲地按那些按钮。

如果我们试了很多次而最终认输放弃了，就会感觉非常沮丧。毕竟我们真的为了做成这件事花了很多时间和精力。问题就在于我们只是在做同样的尝试，不过是一遍又一遍地，越来越用力而已。

当你觉得自己陷入了生活的困境，用尽"一切办法"都无济于事的时候，问问自己是不是在反复地做同样的事。你真的试过用另一种方式吗？

也许你需要的并不是加倍努力，而是换种方法。

"我只画小丑"

我们更愿意做自己会做的事

人最常犯的错误之一就是不愿尝新。原因是尝试自己不熟悉的新事物总会让人不舒服。如果我们不顾自己的感受，直接动手就做了，那也经常会因为不知道正确的做法而结果不好。然后呢？然后我们就放弃了。

> 某网球运动员只用正手击球，因为他知道自己擅长正手。他反手击球时经常下网，所以他不喜欢反手训练。但不幸的是，如果你只掌握一项技法，那就不可能成为优秀的球员。

> 某位来自英国的游客在学校里学过法语，但不敢说，所以她只说英语，但法语也因此再无提高。她试着说过几次法语，然而效果都不好，所以她放弃了法语，而且再也没有学过英语以外的其他语言。

> 某位有抱负的艺术家只画小丑，因为他学过这个，而且他的小丑每次都画得很好，但他也只会画这种主题。每当试着画点别的东西时，他都感觉很沮丧，因为画出来的效果总是不如小丑好。

换句话说，面对新事物时，切勿因为自己做得不好或不完美就灰心丧气。人的生理系统就是为了避免不舒服而进化成现在这个样子的，然而我们的第一反应有可能会把自己引到错误的方向上去。

对于扩大你的技能领域，这里有一个好的建议：即使你的第一反应是拒绝，也要刻意去尝试一些新的做法。试着去做一些你觉得自己做不到的事，可能你会因此学到一些新的东西。

即使信号灯 20 年来都没变绿过，也继续等

规则让生活变得更轻松，但我们必须知道什么时候应该无视它们

我们从出生的那一刻起就在学习各种规则。有些我们是从经验中学到的——例如外面冷的时候穿暖和点比较好；还有一些是别人传授给我们的。这些规则是在我们因为坚持而获得表扬时，或因放弃而受到责骂中学到的。父母跟我们强调如厕之后必须洗手就是这样的例子。

此外，我们还学到了一些被称为"元规则"的东西，即规则的规则，归纳起来就是"规则就是用来遵守的"。因为违反规则通常都会产生不好的后果。

规则当然非常有用了。大脑不必在任何情况下都全力开动，不必做每个特殊决定前都权衡各种利弊。规则让我们能够快速决定自己的行为。没有规则人们就无法有序地生活。

与此同时，我们也可能被过于严谨的规则体系所困，这在生活比较混乱、无法预测的情况下比较多见。这时候我们很容易为了生活便利而盲信规则。然而，遵守某些规则可能会带来严重的危害。例如，不管这个人是不是打了你，你都"不应该离开自己爱的人"；即使在你的孩子今天吃不到东西就要饿死了的情况下，也"不能偷东西"。

请回想一下自己是否被过于严苛的规则捆住了手脚。当你觉得生活举步维艰、无路可走时请务必要注意了。如果无视那些类似"你不能这么做"或"像我这样的人不应该做这样的事情"的规则，你又会怎样？

规则是要遵守的，但那只限于在现实中没有出现例外的时候。

狗是最好的！

"想要永远正确"的危险

很多人因为遭受了不公平的对待，生活被毁掉了。这种因为自己曾经遭受不正确、不公平对待就无法释怀，从而毁掉了自己生活的现象其实普遍存在。

明知自己正确而别人错误，偏偏得不到公正对待或承认，这种被人误会的情况是让人很难接受的。大多数人都能理解这种感觉。尤其是当误会你的这个人对你而言十分重要，或者这种不公正的对待导致了特别严重的后果时，你肯定会更加难以接受。

然而，"正确"在日常生活中也可能有一定害处。朋友也好，伴侣也罢，都不可能永远正确。也许你也做不到永远正确。

那是不是所有问题都需要分出谁对谁错才能解决呢？

某些情况下，我们必须考虑这种分出对错的代价。不幸的是生活并不公平，人类也不可能永远正确。为了证明自己是对的，不惜倾家荡产、朋友反目、妻离子散或是损伤自身的健康，付出这样的代价值得吗？这样做我们能得到什么？

其实，即使我们"知道"狗是最好的，也可以选择与爱猫人士交朋友，过上更为愉快的生活。

世事难料，不公时有，我们有时也必须学会淡然处之，如此才能解脱，回归正常的生活。

告别无休止的"乒乓球赛"

别击球了！

人类与动物的区别之一是我们可以构思高度复杂的事物。此外，我们还会用这种能力来解决现实的和潜在的问题。我们也焦虑，要焦虑到什么时候呢？答案就是，等找到明确的解决方案时。通常到了这种时候，我们会感觉到欣慰和满足。焦虑还是有用的，至少问题得到解决时我们感觉好一些了。

然而，不是所有的问题都能被轻易解决的。有些问题根本就不可能有令人满意的答案，如"十年之内，我的伴侣会为了他人离我而去吗"。还有一些问题过于复杂，我们完全无法预测它们未来会如何发展，如"我的投资会不会在下次经济危机时打了水漂"。然而，我们会为了这样的问题无休止地焦虑和烦恼下去。我们想要一个解决方案，想让自己感觉好一点，而也因此，痛苦随之而来。

这一切无法停止的原因：每当我们有不好的想法时，就会本能地去寻找慰藉，好让自己心情好一点。而新的烦恼很快就会出现，因为慰藉的效果可能并不会持久。同时因为我们不想焦虑和烦恼，就会不断地寻求新的慰藉，而新的慰藉的效果又会立即被新的烦恼所抵消。这种循环能无休止地进行下去，就像一场漫长的乒乓球赛，焦虑与慰藉在我们的大脑里往返交替。

要想让这场"乒乓球赛"停下来，我们必须先认识到自己已经陷入了这场没有结果的"比赛"。一个简单有效的解决问题的方法就是"别击球"：打破痛苦的循环，即使焦虑也要思考可能出现的最坏结果。如果你有勇气坚持到最后，进行认真仔细的探究分析，你可能就会发现这个循环没有尽头，或者已经能够理解和接受这个问题并无令人满意的解决方案。

手上有什么就用什么

从坑底挖出一条逃生路

当人们遇到一个难以解决的问题时，他们经常会说"我什么方法都试过了"，这也许不假。但问题是我们在解决生活里遇到的困难时，通常只依赖于自己知道的方法和策略。

> 如果你习惯了努力工作，当工作量增加时，你只会更加努力。

> 如果你惯于争吵，当别人不按你的指示行动时，你只会更大声地嚷嚷，不达目的誓不罢休。

当你发现自己常用的方法无效，或是执行成本太高时，这就表示你应该更改策略了，否则你只会难过、生气或者选择放弃。

学习解决困难的新方法就像学习使用新工具一样。首先，你必须找到这个方法，然后一直练习到你掌握它为止。

问问你自己：该换工具了吗？你是不是打算从坑底挖出一条逃生之路来？

思维中常见的错觉和谬误

为什么我的滑雪教练这么差劲？

下雨是因为天气恶劣吗？

不是所有人都不满意

上蹿下跳，躲避狮子

反正我已经抽了一支烟，不妨把整包都抽了吧

你是怎么学会骑自行车的？

为什么我的滑雪教练这么差劲？

掌控生活的秘诀不是去了解自己为什么做，而是知道应该怎么做才对。

当我们遇到个人问题时，最常见的反应之一就是问自己"为什么我要这样做"。

在过去的心理治疗中，治疗师花了数不清的时间来解释一个人为什么会有心理问题，这些解释或许正确，或许不正确。有时这个解释的过程可能会为患者带来一些宽慰，但在大多数情况下只能带来持续的痛苦：人们一直会纠结于为什么这样的事会发生。最糟糕的情况是这种纠结会引导得出这样的结论，即父母或其他重要的人是导致产生这些问题的根源。无论这样的结论是否正确，它往往都会造成家庭或朋友关系的破裂。

人类是复杂的生物，因此任何这样的解释都是不确定、过度简化并且难以被证明的。最重要的是，这些解释并不能指导人们如何处理当下的情况，掌控自己的生活。

在滑雪场上反复跌倒甚至摔断腿的人，可能会仔细琢磨一下自己是否真的接受了正确的滑雪指导，然后他就会因为自己有这么糟糕的滑雪教练而烦恼不已。

不把滑雪场上的事故原因想成自己的问题也许能让自己稍微好受一些，但事情的重点不该是提高自己的滑雪技能吗？

换句话说，当你陷入了"为什么我有这些问题"的怪圈时，最好把注意力集中在你能做些什么上，尤其是在当前这个情况下。

不要问"为什么"，要问"我现在能做什么"。

下雨是因为天气恶劣吗？

你缺乏安全感是因为不自信吗？

在流行的心理学概念中，"自信"是最容易被人误解的词之一。你经常会听到，"你的不自信让你缺乏安全感"，或者是"如果你能更自信一点，那么一切都能变得轻松起来"这类的话。

这种关于自信的说法的问题在于，人们将自信看成了某种实体或"力量"，这种实体或"力量"会误导我们以自信的方式去行事或不作为。它让你相信自己必须先努力做到自信，然后才能有勇气去做你一直没有信心做的事情。

这是类别混淆（category confusion）的一个例子，是最常见的心理陷阱之一。

我们对事物进行分类是因为分类能使事情变得简单。"恶劣天气"这个说法只是简单地描述了多种不同的情形，包括下雨、寒冷、刮大风等。我们无须经历恶劣天气的各种情形，而只需走出去，在风雨中感到寒冷和潮湿时就能说明"天气不好"了。

类别混淆就是认为某种分类能强化其类别构成。是"恶劣天气"导致了下雨吗？明显不是的。这是一个循环论证：从逻辑上来讲，这个说法等同于说下雨是由下雨引起的！

同样的推理方式也适用于"自信"这个概念。当我们说某人缺乏自信时，我们会使用大量包含行为的术语，例如：表现腼腆，在某些情况下缺乏主见和感到不安。

不自信是某人缺乏安全感的原因，这种说法是循环论证。这基本上就是说缺乏安全感导致了其本身的发生！我们可以用一句话来概括一类行为并不等同于解释这类行为，即"命名不是解释"。

因此，不要误以为自己不够自信，必须先解决自信问题，才能处理困难的事情；而要反过来，先学会如何应对挑战性的情形，然后你的信心就能逐渐提升！

不是所有人都不满意

越怕鬼，越见鬼

专注于免受威胁是我们大脑最主要的生存机制之一。一旦我们将某些事物与危险联系在一起，比如通过某种事物体验过恐惧，或从别人那里听说某些事物是危险的之后，我们的大脑就会对这些事物保持严密"监控"。

害怕蜘蛛的人可以立即发现挂在房间里好几个月都没人注意到的蜘蛛网；对于街上起火的车辆，经历过战争的人会立即有反应。

这种机制也可能在没有威胁的情况下误导我们。如果你害怕公开演讲，那么你会立即注意到某位听众貌似不满意，哪怕其他听众都在微笑并且对你的演讲表现出感兴趣的样子。同样的机制也会使我们将中性事件看成是令人恐惧的。如果有人打哈欠，我们很可能会将其视为听众认为演讲沉闷无趣的信号，即便这只是因为那个人前一晚睡眠不好罢了。

因为我们错误地专注于某些事物，所以演讲结束后，我们倾向于记住负面的场景，而且由于这种倾向，到下次演讲时我们可能就更紧张了。

那怎么办呢？最明显的解决方案是将注意力集中在那些看起来感兴趣的人身上。这也许很困难，毕竟大脑会自动搜寻可能存在的威胁。但最重要的是，你不能总是相信自己在某种情况下的感受：只是大脑让我们误以为这次演讲比实际情况要糟糕得多而已。

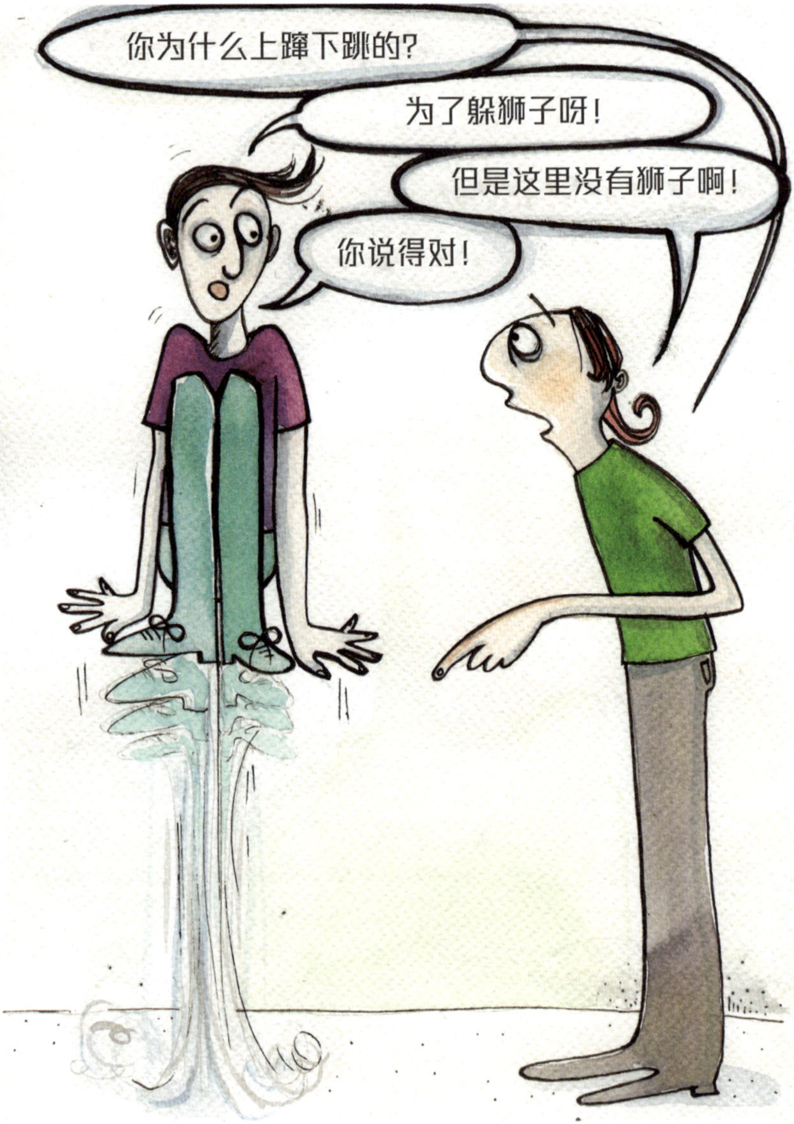
你为什么上蹿下跳的?
为了躲狮子呀!
但是这里没有狮子啊!
你说得对!

上蹿下跳，躲避狮子

为了确保安全必须做点什么

我们采取某种行为的理由，通常都是我们觉得它有效：要么能带来令人高兴的结果，要么能避免出现令人不高兴的结果。这种以结果决定行动的机制有明显的优势，我们能从成功中总结经验和从失败中汲取教训。但不幸的是，这种机制相当粗糙。很多时候我们认为自己的某些行为会产生特别的影响，而其实这些行为与结果并无关联。人类的大脑总是努力试图找到事情发生的原因。但是即使特定的行为看似与某种现象有关，也有可能事实上两者毫无关联。通常我们都意识不到这一点，反而依据那些自认为曾经有效的方式养成了自己的习惯。当然，这其中有一些习惯是非常好的，而其他的则可能会带来麻烦。

习惯也许是不必要也无害的，如一位精英女运动员认为在重要的比赛之前，必须先系右脚的鞋带，再系左脚的鞋带。习惯也可能产生严重的后果，如强迫症症状中的重复行为，它的表现之一就是如果患者忽略了特定的仪式，就会产生一种恐惧焦虑的情绪。例如一个人可能每次花很多的时间和精力将自己的鞋放在大厅中完全相同的位置，以防住在 100 千米以外的母亲发生事故。

如果你认为在自己演讲之前必须吃点镇静剂，或者你花了数周时间给老板做一件事，只求绝无瑕疵，那么这些做法也有可能会变成问题。只要你坚持这些做法，就永远不会尝试别的可能，即这些做法根本没必要。此外，研究表明，即使威胁并不存在，或根本没有想象中的严重，只要我们表现出情况危急的样子，我们的恐惧感就会加重。

如果你控制住自己的冲动，不采取某些你认为能"确保安全"的举动，会得到什么样的结果？有没有可能这些所谓"确保安全"的举动，其实仅仅在消除你的害怕而已，或者只是在阻碍你。

反正我已经抽了一支烟，不妨把整包都抽了吧

"破罐破摔"效应

当准备学习新的行为或改掉坏习惯时，我们会倾向于使用非黑即白的思考方式：全有或全无。这容易导致我们在遭遇挫折后立即放弃，常见的反应就是自我放弃，甚至做出出格的举动。

> 如果你决定戒烟后某晚突然不经意地吸了几口，那你很容易觉得"我已经搞砸了"，然后就出门买了一整盒烟，像疯了一样抽起来，比戒烟之前还要凶。

> 正在准备考试的学生玩了两个多小时的电脑游戏，等回过神来的时候想道"我的学习时间已经被荒废了"，所以又继续玩了4小时，直到睡去。

> 正在努力减肥的你因为吃了冰激凌而懊恼，然后又吃掉了冰箱里剩下的所有东西。

我们这样做的一个原因是放弃迅速就有回报。当你想到"对抗这种冲动也是徒劳"时，就可以不再挣扎，就能用之前一直努力抑制的行为来"安慰"自己——再来一支香烟，再吃一根冰激凌。人通常就是这样的：我们试图抵制的事，也正是自己最喜欢的、用于使自己放松的那些事。那一刻，沉迷于香烟或冰激凌的感觉真的很好。如果我们倾向于采用非黑即白的思维方式，要么抽烟要么不抽烟，要么吃要么不吃，那么一切就都很自然了。

心理学家把这种行为模式叫作"破罐破摔"效应（"what-the-hell"-effect）。治疗师通常会在改变患者行为之前，先做好患者的思想工作。

最好的建议是，你要意识到这种行为是误导自己的。如果你只是偶尔滑倒，那最好把它看作是临时的挫折。不要放弃！

你是怎么学会骑自行车的?

凡事必须体验才能理解

关于改变一个人的行为，常见的误解是必须从"思想正确"开始。如果你害怕某些事情，那就应该先想"这事并没有想的那么危险"。如果你不相信自己有能力做到一些事情，就必须提高自信心。如果你感觉很沮丧，就得先把消极想法换成积极想法。我们似乎夸大了思想的作用，甚至达到了超自然的程度。人们尝试新事物时最常提出的问题之一就是"我要怎么思考才能做到这一点"。然而，你要是在现实生活中亲身体验一下，肯定更能得到帮助。

例如，你不敢当众发言，那么你豁出去直接在一群人面前演讲一次，意识到自己即便紧张也能做到，这样会更有帮助。如果你感到沮丧，缺乏灵感，那就不要等着灵感到来；相反，你要投入生活，做你该做的事，做你想做的事。通过做一些事情，你就能在很大程度上使自己感觉更好。

"我该怎么想？"这个问题的答案是，"怎么想都行，重要的是你怎么做"。

理解思考和行动的一个好例子是想想你是怎么学会骑自行车的：你是通过思考"我能做到吗"来学会的，还是骑到自行车上，通过实际操作学会的？

不要等想到"正确"的思维方式才行动，在实际行动中亲身体验才是更有效的学习方法。

我们如何与其他人（及自己）相处

总是抱怨你爱的人

当你拥抱某人的时候，就很难生他的气了

把孩子"撕成两半"

你为什么把花瓶摔坏了？

你再害怕的话，我就要扇你耳光了！

室内植物蔫了是它的错吗？

总是抱怨你爱的人

爱是一个动词

谈恋爱时我们对自己所爱的人非常友好。我们赞美对方，互送礼物，共进浪漫晚餐。几年后情况就发生了变化。有些夫妻发现自己被鸡毛蒜皮的事困住了。他们大多心存不满，还互相抱怨。无论这些抱怨是否合理，他们往往忽略了一件非常重要的事情：

> 如果我们在遇到某人时经常出现某种情绪，那么这个人就会与那种情绪联系在一起。

诺贝尔奖获得者巴甫洛夫在一百多年前就证明了这一过程。在心理学领域的一项著名实验中，巴甫洛夫在狗听到铃声后立即给狗喂食，很快，这些狗就将铃声与食物联系起来，一听到铃声就兴奋起来，并开始流口水。

我们所有的情绪都受到这个理论的影响。在曾经让自己开心的事情面前，我们会感到高兴。当我们遇到使自己恐慌过的事情时，就会感到恐惧。不幸的是，我们经常在亲密关系中忘记这个理论。如果双方老是谁也看不上谁，神经系统就会开始将对方与不愉快联系起来。一旦出现这种情况，当初承诺过的爱情和永远忠诚的誓言也就没什么用了；伴侣要么变成了我们害怕的人，要么成了打倒我们的人。

想想你希望把自己喜欢的人与什么感觉联系在一起。每天表达一些小小的善意可能不会让你的伴侣像巴甫洛夫的狗一样流口水，但你们都会感到愉快。

> 爱体现于你所做的事情中。每天如是。爱是一个动词。

当你拥抱某人的时候，就很难生他的气了

"反其道而行之"
——采取与感觉正好相反的做法

古老且令人深信不疑的心理学传说告诉我们，应该顺从自己的感觉行事。这种错误观点背后的依据是它认为人们的情绪就像一口压力锅，如果某种情绪得不到释放就有可能引起爆炸。因此，避免爆炸的唯一方法是减轻压力，释放情绪。

许多科学研究对这种观点进行了探讨。结果表明，我们越是表现得像那么回事，就越容易相信那是真的。如果我们对某人大吼大叫，通常并不会因此消气。事实上，我们可能越吼越生气。

当然，这并不意味着我们应该忽略自己的感受。其实，通过调整，我们也常常能得到很多收获。一种好的策略是尝试心理学家所说的"反其道而行之"，即逆着感觉行事。如果你很烦自己的伴侣，可以试着走近并给他一个拥抱。研究表明，如果你这样做就很难生气了。当然，如果你的伴侣当时也很生气，那你的拥抱可能会被误解，整个事情可能会适得其反。但是，如果你的目标是改善自己的情绪，这算是一个很好的方法。

特别是在夫妻关系的治疗中，这种策略在控制直接情绪（大多是消极情绪）上的效果已经得到了证明，它能有效减少冲突和缓和紧张情况。同样的方式也可以用于处理恐惧情绪。如果你感到过度恐惧，那么最好的策略往往是采取与你的感受相反的方式行事——上前一步，直面你的恐惧。

如果你想停止对某人生气，请给他一个拥抱！

把孩子"撕成两半"

当孩子遭遇父母分开

夫妻关系破裂时，影响最坏的后果就是伤害了孩子。

> 与父母不同，孩子无法扭转局面。

> 与父母不同，孩子们不应该承担父母分开的后果。

> 与父母不同，孩子没有能力或经验来处理他们所接收到的情绪。

然而，在夫妻关系破裂时，借孩子来惩罚对方的做法并不罕见。因此，即便你觉得对方受尽折磨都是罪有应得，也应该好好考虑这对孩子会有什么影响，这是非常重要的。

如果你拒绝让前任探望孩子，那么孩子将会成为损失最大的一方。如果你的前任破产了，孩子也会因此过得不好。如果你诽谤前任，这不光会让他的社交变得更加困难，而且你还有可能对孩子做出同样的事。

有人认为，正常的人际关系是心理稳定的标志。而更准确的检验方式是观察人们在分离过程中的行为方式。那种时候有如谷粒脱壳，哪怕你做了不适宜的事，但只要能表现出淡定与平常心，那就是你很成熟的体现了。

你为什么把花瓶摔坏了?

"为什么"是一个不好的词

当人们相互不满时，通常会听到"你为什么这样做"这样的话。

> 你为什么摔坏了我最好的花瓶?

> 你为什么不帮忙洗碗?

> 你为什么从来不把我的观点当回事?

这样的问题看起来很有逻辑性。如果我们能明白某件事发生的原因，也许未来就能避免它再次发生了。然而不幸的是这种方法并不太有效。向别人抛出"为什么"的问题其实基于我们已经进行的预先假定：对方经过深思熟虑才对我们做了这样的事情。然而通常并非如此。你家孩子并没想摔坏你的陶瓷花瓶；你的爱人从未想让你包办所有事务，也绝对不想让你觉得自己毫无价值。因此你收到的唯一答案可能是一个毫无根据的借口或愤怒的回应。你的孩子会把责任赖给狗，你的爱人则会开始拿别的事情来吵。

你还有另一种选择：就事论事，并且清楚地说明自己为什么会有这样的感觉。这样的选择会好得多。你的孩子肯定已经清楚自己犯了错，所以不需要再训斥他了，安慰一下可能更好。然后，待你的情绪稳定下来之后，你就可以和他聊聊在家里踢足球都有什么规则了。你也可以告诉爱人，家里的情况对你有什么影响，然后可以两人一起讨论一下，应该如何改变现状。

在人与人的关系中，"为什么"通常不是一个好词。你可以选择描述自己是如何看待这些事物的，以此作为"为什么"的替代。例如：你是生气、悲伤，还是觉得受到了冒犯？这个问题对你有什么影响？你们能不能一起来解决它？

你再害怕的话，我就要扇你耳光了！

责骂自己，让自己不再恐惧

每个人都会有感到害怕的时候。有时害怕是合理的，有时不是。通常你很清楚情况其实并没有那么危险，但仍然觉得很难接受它。这种不情愿最有可能的原因：你的大脑根据过去的经验或活跃的想象力，将这种情况与危险和不愉快联系在一起了。大脑非常擅于记住那些曾经被认定有威胁性的事物，遇到任何能让人回想起这些事物的情况，那种不愉快的感觉就会回归。有些人不知道这是一个自动过程，是几乎不可能停止的反应，所以当他们感到害怕时，就会试图通过责骂或嘲笑自己来抑制这种感觉。

> "别这么懦弱！"
> "振作起来！"

然而效果很可能会是，你越努力，感觉越糟糕。循环往复之后结果会怎样？你只会更加频繁地责骂自己。

大多数人都明白，我们不可能靠威胁孩子来让他们不害怕，相反，这只会让他们更害怕而已。然而在面对自己的恐惧时，我们的心肠却很硬。

下次当你发现自己因为感到恐惧或焦虑而对自己说些残忍的话时，请停下来，想想这么做对自己有没有好处，有没有更好的方法来处理自己的恐惧。

如果无法靠大声责骂自己来摆脱恐惧，那么就承认恐惧的存在吧。想让它神奇地消失是不可能的。另一种策略是即使自己害怕，也选择适当的方式来行事。做到这一点容易吗？大概并不容易。然而，这是前进的唯一途径。

室内植物蔫了是它的错吗？

所有的成长都需要肥沃的土壤

如果对工作不满或感情不顺，我们常见的反应是"这一定是我的错"，问题出在自己身上。同样，如果某人很成功，大家也倾向于认为这是因为那个人身上有某些特殊的品质。在心理学中，这被称为"基本归因错误"（fundamental attribution error）。我们会将某人行事的原因错误地归结为他"就是那种人"。

然而我们忽略了，对人们影响最大的其实是其所处的环境。

要让室内植物生机勃发，那就得悉心照料。如果它们蔫了，绝不是因为植物自身"不努力"或者"态度不端正"，而是因为水浇得不够，或者土壤不够肥沃。

如果一个人周围的环境不好，他就无法好好成长。如果对孩子没有适当的支持与要求，其发展就会受影响。如果工作中所做的事情没有意义，工作环境不好，也得不到合理的报酬，我们就会开始消沉。而一段亲密关系如果没有合适的土壤，结果也一样，其中的一方就会枯萎。

当你要对自己或别人来达到预期目标的原因下定论前，请先想想上面的话。所有人的成长都需要肥沃的土壤。

我们的短视思维

乖乖坐好，下周这根骨头就是你的了！

滚动面前的大雪球

乖乖坐好，
下周这根骨头就是你的了！

大多数情况下，
我们的记忆并不比狗更持久……

最让我们烦恼的问题之一就是，我们的行动总是很短视。

> 尽管决定了要少吃糖，好能穿上去年的泳衣，但我们还是吃掉
> 了一整袋糖果。

> 我们没有好好准备下周要进行的重要的数学考试，反而在看以
> 前就看过的老电影。

> 买了这件超贵的针织套头衫，下周就没钱付租金了，然而我们
> 还是买了。

这样的清单我们能一直写下去。

然而有趣的是，我们从来没有选择相反的做法。人要怎样才会着眼于长远利益行事？放眼地球上的其他所有生物，它们总会选择短期奖励。如果饿了，眼前又有看似美味的食物，那么它们就会直接吃掉。如果对某件事感觉不好，那它们就会尽其所能避免它。你可以试试向狗承诺下周给它一根骨头，让它坐下；狗除了肯定听不懂你说的话以外，它还想象不到现在做什么能得到下周的奖励。

尽管奖励要在未来的某个时间才会到来，人类还是有在当下就采取行动的能力，这种能力还相当强。人类会做有利于子孙后代的事情，而狗却永远不可能做到这一点。

我们的生活就是在选择短期奖励和选择长期利益之间作持续斗争。如果你有时选择了短期奖励，不要绝望。但在那些对你而言很重要的事情上，则应该停下来好好想想自己想要的是什么，然后再采取相应的行动。利用您作为人类才拥有的独特能力来展望未来。但与此同时，请记住表现出一些对自己的同情心。

你现在也是只想吃甜食的动物而已啦！

滚动面前的大雪球

积累太多的风险

大多数人都有无法完成任务的时候。他们总是无法开始或者太轻易放弃。即便他们完成了某些任务，那也经历了许多痛苦，而且往往拖延太久。问题的根本在于我们要做某件事情时，总是希望等到"正确的感觉"出现，然后才开始。但由于许多任务既棘手又烦人，而且又有更具吸引力的替代方案，所以我们总是无法开始，单纯就是"感觉"不想开始而已。

一旦下定决心要开始做自己一直拖着没做的事情，我们就会尝试同时做很多事情（往往太多了），以追回之前浪费的时间。不幸的是，这和滚着大雪球前进是一样的。我们拖延得越久，负担就越重，事情就越不可能完成。雪球太大了，我们根本推不动，因此只能再一次拖延。

所以，如果某件事已经被拖延了，你至少应该对自己已经开始做而感到高兴。确保自己对工作进行了长期规划，只要能保持有条不紊地开展工作，再庞大的工作量也会被逐渐缩小到合理的范围。

推走你面前的小雪球，然后开心地庆祝每次成功。

生活这件事

船上的偷渡客

派对上的醉鬼

活在想象里

你的生活平衡吗？

你人生故事的主演：其他人！

船上的偷渡客

你的生活由谁主宰？

如果某些事情对于我们而言非常重要，我们就能够克服做的过程中遇到的许多令人不快的阻碍，去实现目标。然而在此之前，我们先要知道自己前进的方向是否正确。

生活的最好的方向必须由自己去发现。对于一些人来说，生活的方向是工作，而对另一些人来说则是想为人类发展做出贡献。许多人愿意为自己的所爱赴汤蹈火，而也有人不愿意。为了找到正确的方向，我们必须问问自己，什么是真正吸引我们的事情，自己什么时候最有激情，什么样的事情让我们有干劲。

大多数人都能够确定自己生活中最重要的事。然而不幸的是，总有一些混乱的思绪和想法妨碍着我们。它们形式各样，包括觉得自己不够好，纠结于他人的看法，或是感觉等到明天、明年再开始……或永远都不开始会更好，等等。这些思绪与想法都是我们在人生路上积聚起来的。

如果把生活看成是一次乘船出行，这些想法就像是你在旅程中遇到的偷渡客。他们对你的行程指指点点，一旦你坚持自己的行程他们就制造混乱。如果你任由他们为你决定，或是把全部精力用在对付他们上，那你的船很快就会搁浅，或是最终停靠在了错误的港口。

想想你要如何规划自己的生活，然后稳稳地保持这个方向。当你指挥自己的小船向着目标进发时，就让那些"偷渡客"大嚷大叫着吧。你才是船长！

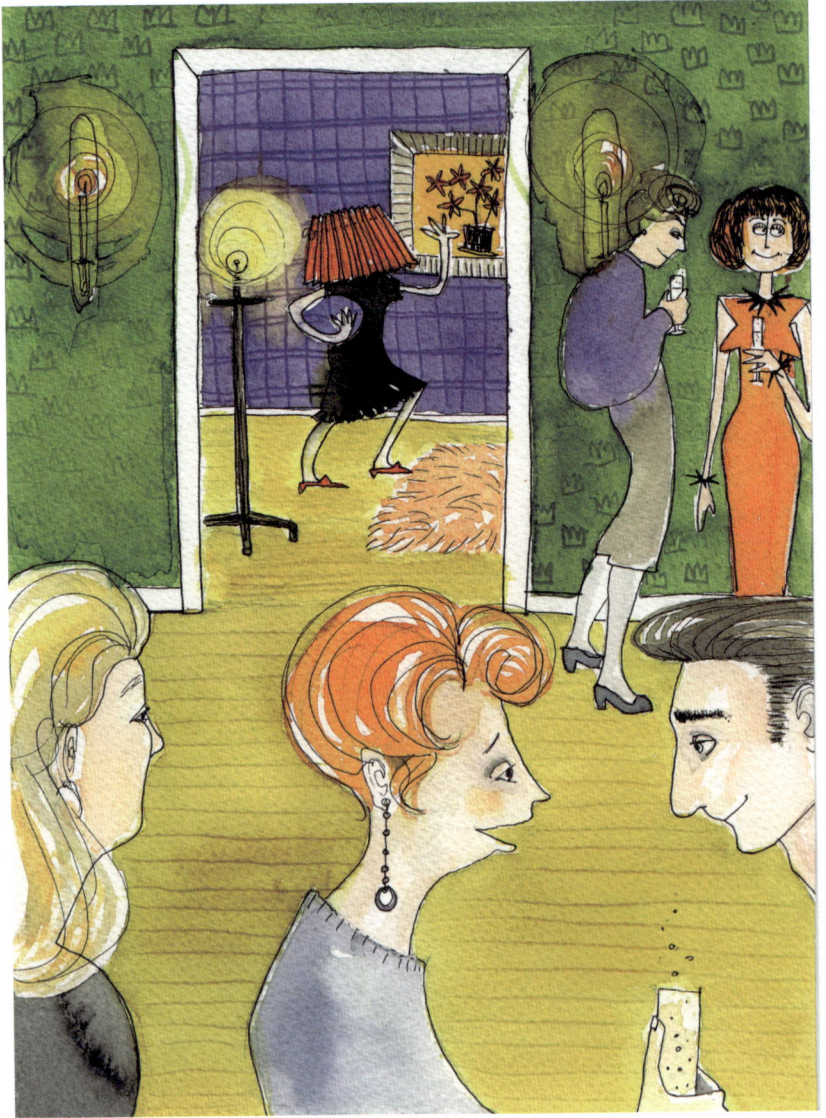

派对上的醉鬼

争夺控制权是有代价的

想象一下，你为好友们精心准备了一场派对，确保每个人都能度过愉快的时光。派对上有好酒、美食与音乐。不幸的是，你酗酒的邻居不请自来。正常来说，她也能拥有一段愉快的时光，但在酒精面前她就是控制不住自己。几杯下肚，她就开始大声说着各种不合适的话题，还把灯罩当帽子戴在头上，基本上把自己弄成了一个傻瓜。

你不知道她要做什么，所以几乎集中了所有精力，监视她的一举一动。她走到哪，你就跟到哪。你试着阻止她和你的朋友说话。才过一会儿，你就想把她扔出去了。当然，这会刺激到她，让事情变得更难处理。一切终于以她的挣扎和尖叫结束。你的派对被彻底毁了。

如果你一直不管她，看到她那滑稽的样子也只是耸耸肩而已，那么结果会怎样？最有可能的是她自己一个人傻傻的，最后在你家沙发上睡着了而已。与此同时，你和你的宾客们在确认了她只不过是再次把自己弄成了一个傻瓜之后，也能继续享受你们的美好时光。

在面对不喜欢的事物时，一般来说，我们的秘密武器通常是减少（而不是增强）控制。因为有些事情根本就是无法控制的。其他的事情，比如说控制上述的醉酒客人，我们越试图控制，情况就变得越糟糕。

有时候，我们所坚信的解决方案——控制，其实才是问题的根本所在。

活在想象里

因为忽略当下，我们错过了什么

作为人类，我们最伟大的天赋之一就是能够想象自己从未亲身体验过的事物。有人认为这份天赋非常独特，是我们区别于地球上其他生物的特征之一。由于有这份天赋，我们可以为未来制订计划、构建科学理论，还可以撰写精彩的图书。没有这种天赋就没有文明的出现。

与此同时，这份天赋也可能是我们最大的诅咒。由于我们几乎能够想象任何东西，我们会担心发生各种可能或不可能发生的事情，比如说疾病、灾难或五年内失去工作的情形。我们也可能沉迷于各种有关人类存在的反思，例如"我是谁""生命的意义是什么"。

有时，这些思考会失控，占据我们全部的生活。

如果我们过度沉浸在自己的思维里，那么最终就会错过现实的生活，无法看到周围所有令人惊叹的事物。

试试去公园散步，尽可能让自己专注于感官的体验：你看到了什么？你听到了什么？你闻到了什么？你有什么感受？这起初会很难，你的注意力几乎会立刻被自己的思维分散。你会开始思考明天上班要做什么，或者为自己所听到或看到的事情感到烦恼。但渐渐地，你能学会更多地关注当下的体验。思绪发散时，你只需要意识到这种发散，然后坚定而温柔地把自己拉回来，专注于自己正在经历的事情就好。

生活就是正在发生的事，就是当下。

你的生活平衡吗？

单一的生活使人脆弱

应对人生挫折时最重要的诀窍之一就是要有丰富多彩的生活。

如果你在生活中有很多事可以做，那么你在面对挫折时就没那么容易失控。在职场受挫时，你还有家庭、朋友与兴趣爱好，这些都能为你的生命添彩。痛失爱侣时，你也仍有许多能为自己带来安慰的事物。

但如果你把所有的鸡蛋都放在一个篮子里，那么一次不幸就有可能毁灭所有。如果你把职业发展放在人生首位，那么你距离人生崩溃只有一步之遥。如果你为了爱情放弃友情与兴趣爱好，那么家庭的琐碎就能动摇你人生的基础。

基础不稳不光使你对变化高度敏感，还会减少你的自由。因为你把所有鸡蛋都放在一个篮子里，所以任何威胁安全的事你都不会做。

即使事情进展顺利，你也免不了担惊受怕，唯恐出了丝毫差错危及全局。而情绪紧张总会让人过度小心，影响表现。生活单一导致的恶果不光是让人们特别容易受变化影响，还会使人们因为把所有精力都集中于一处而错过了获得成功的其他机会。

试着把自己的生活看作是一把椅子。如果椅子有四条腿，你就能稳稳地坐着。但如果你的椅子只有两条腿，或者更差一点，只有一条腿，那你就很危险了。摔倒不过是迟早的事！

你人生故事的主演：其他人！

只为别人活着，谁会主导你的生活？

如果你感觉自己的生活是沉重而毫无意义的负担，那可能是因为你从来没有坐下来反思过自己想要什么样的生活。许多人甚至从未问过自己这样的问题。但如果你自己不做决定，别人就会帮你决定。

我们周围总有希望得到关注与帮助的人。照顾自己身边亲近的人也许算不上什么伟大的牺牲，然而，如果我们无法在自己需要什么和能够给予什么之间找到平衡点，那很有可能会失去自我。

我们希望帮助亲友、同事，甚至整个社会。来自报纸、电视和其他媒体渠道的广告或消息包围着我们，为我们应该优先考虑什么事情提出"忠告"。最后，我们很有可能会像只无头苍蝇一般，终日忙于迎合他人的期待。结果怎么样呢？生活不愉快。

最糟糕的是生活不愉快的人最终会对生活失去兴趣。到了那时，不管是为自己还是为别人，他都不会再做任何事。

不要让别人来写你的人生故事！那些重要、有趣或令人开心的事情，也许你无法全部做到，但你必须让自己有机会决定自己的人生。

本书隐喻的灵感来源

我们这个星球上有 70 多亿人,所以那种绝无仅有的想法是很少见的。即便人们觉得自己的某个想法是绝对原创的,但其他人可能也曾有过完全相同的想法。我们很容易觉得自己的想法是天才才能想到的,但事实上这也许是我们之前在别的地方看到过的某事物的翻版,只是现在已经忘记罢了。

话虽如此,我仍然坚信本书里的 32 个隐喻中的大多数都是我自己的创造。其中有一些是富有想象力的同事和朋友分享给我的,而其他的则可在我读过的书或者其他心理治疗师给我的建议里找到。

"拔河比赛"是 ACT 治疗师常用的说法,在许多著作中都被提及,这其中就包括此类疗法的首部、同时也是最重要的一部著作:海斯(Hayes)、斯特罗瑟(Strosahl)和威尔森(Wilson)在 1999 年出版的《接纳承诺疗法》。在这部著作中,我们还能发现"坑里的人"和"没用的家伙"(即派对上的醉鬼)这两个隐喻。

"船上的偷渡客"的灵感来自 ACT 中一个相似的流行隐喻——"公交车上的乘客"。但在我看来,"船上的偷渡客"这个说法更好。人们在漫长的人生旅程中确实接受了"偷渡客",而他们通常都不太受欢迎。

心理治疗师使用"年长的你和年幼的你"这个说法可能已经有一段时间了。我从心理学家谢斯廷·蒂尔福斯(Kerstin Tilfors)那里第一次听说了这个隐喻。

瑞典最著名的心理学家之一、认知行为疗法相关文献作者奥勒·瓦德斯特伦(Olle Wadström)授权给我,让我使用"无休止的乒乓球赛"。这出自于他精彩的著作《告别反刍与纠结:简单有效的认知行为疗法》一书。

我相信自己在小时候看的许多漫画书里都见过"上蹿下跳,躲避狮子"这个隐喻。我在尤城工作时,布里特·埃里克松·莱梅尔(Britt

Eriksson Lemel）教我将它应用在治疗之中。布里特不仅是一位了不起的心理学家，还是我刚开始当心理治疗师时的导师。

我亲爱的妻子及同事玛丽娜·耶尔维宁·卡茨（Marina Järvinen Katz）将"室内植物蔫了是它的错吗？"这一隐喻赠予了我。

"你人生故事的主演：其他人！"则是我从作家谢斯廷·达纳斯顿（Kerstin Danasten）那里借鉴而来的。

参考文献

[1] ADAMS C E, LEARY, M R. Promoting self-compassionate attitudes toward eating among restrictive and guilty eaters. Journal of Social and Clinical Psychology,2007, 26(10): 1120-144.

[2] ANDERSSON E, HEDMAN E, WADSTRÖM O, etal. Internet-based extinction therapy for worry: A randomized controlled trial. Behavior Therapy, 2017, 48:391-402.

[3] APA.Mini-D IV Diagnostiska kriterierenligt DSM-IV.Danderyd: Pilgrim Press, 1995.

[4] BATES S, GRÖNBERG A. Om och om och om igen. Natur & Kultur, Stockholm, 2010.

[5] BLENKORION P. Stories and analogies in cognitive behavior therapy: A clinical review. behavioural and cognitive psychotherapy, 2005, 33: 45-59.

[6] CLARK D M. A cognitive approach to panic.Behaviour Research and Therapy, 1986, 24(4): 461-470.

[7] CLARK D M, MCMANUS F. Information processing in social phobia, Biological Psychiatry, 2002, 51(1): 91-100.

[8] DEWALD PA. Dynamisk psykologi. Natur&Kultur, Stockholm, 1995.

[9] FOA E B, HEMBREE E A, CAHILL S P, et al. Randomized trial of prolonged exposure for posttraumatic stress disorder with and without cognitive restructuring: Outcome at academic and community clinics. Journal of Consulting and Clinical Psychology, 2005, 73(5): 953-964.

[10] FOA E B, DAVIDSSON J R, FRANCES A. The expert consensus guideline series: Treatment of posttraumatic stress disorder. Journal of Clinical Psychiatry, 1999, 60 (Suppl.16): 1-76.

[11] GAMOW G. Thirty years that shook physics. Dover Publications, New York, 1986.

[12] HAYES S C, BARNES-HOLMES D, ROCHE B. Relational frame theory.

Kluwer Academic/Plenum, New York, 2001.

[13] HAYES S C, STROSAHL K, WILSON K G. Acceptance and commitment therapy, 2nd ed. The process and practice of mindful change. Guilford Press, New York, 2011.

[14] KABAT–ZINN J. Vart du än går är du där. Leva i nuet– en meditationshandbok, Forum, Stockholm, 1997.

[15] Karlsson P. Beteendestöd i vardagen. Handbok i tillämpad beteendeanalys. Natur & Kultur, Stockholm, 2010.

[16] Katz D. Om fega simhoppare, korkade ödlor och andra metaforer···Beteendeterapeuten, nr 4, 2003.

[17] KOLB B, WHIMSHAW I Q. Fundamentals of human neuropsychology, 4th ed. Freeman, New York, 1996.

[18] LAKOFF G, Johnson M. Methaphors we live by. The University of Chicago Press, Chicago, 2003.

[19] LEARY D E, (ed.). Metaphors in the history of psychology. Cambridge University Press, Cambridge, 1990.

[20] LIEBERMAN D A. Learning. Wadsworth, Belmont, 2000.

致 谢

感谢本书的插画家伊冯娜·斯文松（Yvonne Svensson）在创作过程中忍受着我对专业不懈的坚持，仍然提供了精彩的插图。

感谢我的妻子玛丽娜（Marina），尽管我一直在纠结与拖延，她依然用超越常人的语言天赋，不断鼓励着我。

感谢我们的小贵宾犬佛洛普西（Flopsy），它是一个活生生的例证：即使没有人类的能力，它也能给予他人无尽的爱。

感谢来自伦德（Lund）的拉尔斯－贡纳尔·伦德（Lars-Gunnar Lundh）教授向我介绍了"图片优势效应"。

感谢平面设计师约翰·艾勒（John Eyre）在排版样式早就确定了的情况下还容忍我的反复修改。

感谢瑞典出版商拉尔斯特罗姆（LarsStröm）、我的同事和前任导师桑德拉·贝茨（Sandra Bates）。

感谢成千上万努力工作，让心理治疗成为科学而不再是传说的所有研究人员。